AF555855

DÉPARTEMENT DES BOUCHES-DU-RHONE

ANNÉE 1883-1884

RAPPORT

SUR

L'AGRICULTURE

PAR LE PROFESSEUR

Marius FAUDRIN

Boulevard Notre-Dame, 52, Aix.

MARSEILLE

TYPOGRAPHIE ET LITHOGRAPHIE J. CAYER

Rue Saint-Ferréol, 57.

1884

Aix, le 20 juillet 1884.

A Monsieur le PRÉFET [1]

Et à Messieurs les CONSEILLERS GÉNÉRAUX du département des Bouches-du-Rhône [2].

MESSIEURS,

Fidèle à mes habitudes, j'ai l'honneur de vous signaler, dans un Rapport, le résultat de mes visites agricoles, pendant l'année 1883-1884, dans les communes de Peyrolles, Charleval, Lançon, Mouriez, Graveson, Saint-Pierre-de-Mézoargues, Saint-Martin-de-Crau (Arles), Fos, Châteauneuf-lès-Martigues, La Pomme (Marseille), Saint-Barnabé (Marseille), Vitrolles, Cassis, Pont-de-l'Etoile (Roquevaire), Alleins, Puyloubier, Meyreuil et les Saintes-Maries.

Peyrolles.

On exécute actuellement sur le territoire de Peyrolles un travail de première nécessité pour l'agriculture locale : l'endiguement de la Durance, pour protéger

(1) E. Cazelles, officier de la Légion-d'Honneur.

(2) *Président* : F. Abram, chevalier de la Légion-d'Honneur ; *Vice-Présidents* : J. Deiss, chevalier de la Légion-d'Honneur, et B. Abram ; *Membres du Conseil* : Aillaud, Alphandéry, Baragnon, Baret, docteur Besson, Boissier, Brémond, Chabanel, docteur Chabrier, docteur Chevillon, Daillan, Th. Fabre, Goirand, Ph. Jourde, Lagnel, Leydet, député, Maglione, Marion, Monier, Velten, chevalier de Légion-d'Honneur.

désormais les terrains de la plaine contre les ravages de ce terrible cours d'eau.

Les plantations de vignes ne se sont pas sensiblement développées depuis deux ans, mais elles ont bénéficié de certaines améliorations culturales.

J'ai fait connaître pour les céréales, la méthode Pinta, qui assure, dit-on, des rendements considérables en paille et surtout en grains. D'après l'auteur de ce système, il faut :

1° *Une terre bien ameublie et qui ne soit pas fatiguée par des récoltes de même nature ;*

2° *Une bonne sélection des graines, une variété propre au terrain et au climat, et des semis en lignes, espacées de* 0m,24 *à* 0m,28*;*

3° *Un sol constamment purgé de mauvaises herbes, sarclé ou hersé ;*

4° *Enfin, le fauchage des tiges trop vigoureuses, afin d'obtenir,* pour me servir des expressions de M. Pinta, *une végétation sage, régulière, qui donnera des tiges bien constituées et des épis bien nourris.*

En suivant ces principes, on a récolté jusque dans les proportions de cinquante-trois hectolitres de grains à l'hectare.

J'ai revu le vignoble franco-américain de MM. Reynaud et Gabriel; il continue à justifier les espérances qu'il faisait pressentir l'année dernière.

Charleval.

L'Administration municipale de Charleval a fini par obtenir gain de cause pour les terrains vagues de la

Durance qui se trouvent dans son territoire. On a cherché à en tirer parti en les divisant par lots adjugés aux habitants de la commune, qui les ont défrichés d'abord et les ont convertis, pour la plupart, en vignobles.

Dans la visite que j'ai faite à ces champs vierges, j'ai distingué diverses sortes de terrains ; beaucoup sont sablonneux, mais il en est de sablo-argileux, argilo-sablonneux et même tout-à-fait argileux ; dans ces derniers surtout, la vigne n'est plus à sa place et il convient de la remplacer par d'autres cultures : céréales, plantes fourragères ou potagères.

A Charleval il existe deux importants domaines viticoles : celui de Bonneval, à M. C. Monier (d'Eyguières), et celui de Sainte-Croix, à M. Ed. Mistral. Dans ces deux propriétés, on propage, de préférence, le Jacquez, dont la vigueur surpasse celle des plus belles vignes indigènes et dont la fructification a atteint le poids de 40 kilogr. par cep.

Lançon.

Dans les communes comme celle de Lançon, dont le territoire ne se compose, pour ainsi dire, que de collines sans eau, j'enseigne particulièrement l'éducation des cultures arborées ou arbustives. Ici, il y a des modifications importantes à adopter dans la conduite des arbres fruitiers : pour l'amandier, les sauvageons-sujets sont choisis trop vieux et greffés trop tard; il est préférable d'adopter des sujets de deux ou trois ans au plus et de les transformer l'année même de leur mise en place à demeure, à moins que le pied-mère pousse trop faiblement, auquel cas on ajourne l'opération à la fin de l'hiver suivant ; la première fois, il faut recourir à la greffe en écusson, et, l'autre fois, à la greffe en couronne.

L'olivier est mieux soigné et mieux charpenté que l'amandier. Quant aux autres espèces fruitières à noyaux, elles demandent aussi le même traitement que leurs congénères.

On trouve encore, à Lançon, d'anciens vignobles qui résistent à la maladie phylloxérique. Afin de prolonger plus sûrement l'existence de ces vignes, on doit les bien fumer et les bien labourer ou biner, ce qui en augmenterait la fructification et en favoriserait le végétation ; si cet entretien devient insuffisant, il faut recourir à l'emploi du sulfure de carbone ou du sulfo-carbonate de potassium.

Les vignes plantées dans les bas-fonds ont été ravagées par le *Peronospora viticola*. vulgairement le *Mildew*, un cryptogame qui les a fait défeuiller au milieu de l'été. Cette maladie a empêché l'aoûtement du pampre et la maturité du raisin.

Contre cette dangereuse affection, j'ai employé avec succès le *ciment*, la *chaux vive* en poudre, et le *plâtre* de la même manière que le soufre, dont on fait usage contre l'*oïdium*.

Le *Peronospora* se développe sous l'influence d'une température chaude, humide, lorsque après une forte pluie ou un brouillard intense succèdent de grandes chaleurs. Il offre alors l'aspect d'une sorte de moisissure farineuse qui se fixe au revers de la feuille et surtout le long des nervures.

Avec l'emploi de matières anti-septiques, il est essentiel de biner souvent le vignoble, afin de maintenir à la fois la fraîcheur du sol et le calorique autour de la tête de la vigne, ce qui, en même temps, favorise la végétation et aide à la bonne constitution du bois, ainsi qu'à la maturité du fruit.

Des ceps traités, en été, par une solution de sulfo-carbonate de potassium ont été respectés par le *Peronospora.*

Lorsque le mal n'a pas été arrêté à son origine, la vigne est exposée à geler. Pour prévenir cet inconvénient, il faut tailler le cep de bonne heure, en novembre, et, de suite après, le butter aussi haut que possible pour ne le déchausser qu'après l'hiver.

Si, malgré les précautions prises, la tête de la vigne a souffert, il faut alors, au printemps, découvrir la tige jusqu'aux premières grosses racines, la recéper et la greffer. Avec ce système, on reconstitue bientôt la charpente du cep tout en avançant l'époque de sa fertilité.

Quant aux sarments et aux tiges coupés, il les faut brûler immédiatement pour détruire les germes de *Peronospora* qu'ils peuvent porter et qui pourraient propager la maladie à d'autres vignes.

Enfin, une opération excellente, comme parasitaire, c'est le badigeonnage des ceps avec une solution de sulfate de fer, dans la proportion d'un kilogr. de ce sel dans deux litres d'eau, que l'on applique dans le courant de l'hiver.

Mes observations et mes expériences personnelles me permettent de conclure que le *Peronospora viticola* est une maladie non seulement guérissable, mais dont on peut empêcher le retour. Pour cela, il faut :

Donner à l'arbuste (vigne) sa place véritable, c'est-à-dire le mettre sur les coteaux bien insolés et au terrain volcanique ou de grès, ou granitique, ou caillouteux et mêlé de terre végétale, calcaire, argileuse ou ferrugineuse. Malheureusement, le phylloxéra, en s'acharnant de préférence après ces vignobles, a forcé pour ainsi dire le vigneron à sortir cette culture de son milieu le plus favorable. De là, la nécessité de recourir maintenant aux bonnes vignes américaines (Jacquez, Solonis et Riparia sauvage), ou au sulfure de carbone, ou au sulfo-carbonate de potassium.

En attendant que le vignoble reprenne possession de son habitat normal, ou bien lorsqu'on se trouve dans l'impossibilité de planter hors des atteintes du Peronospora, *on doit faire choix d'un sol bien assaini et n'adopter que les cépages les plus résistants au parasite. En Provence, ce sont, par ordre de mérite, pour la production du vin rouge : la Counoïse, le Petit-Bouschet, l'Aramon, le Pinot noir et le Gamai noir; pour la production du vin blanc : la Clairette et l'Ugni blanc, et pour raisin de table : le Jouanen charnu et le Chasselas de Fontainebleau.*

Il faut complanter le vignoble avec des arbres appropriés, tels que le Pêcher, le Prunier, etc.

Enfin, il faut neutraliser les attaques du Peronospora *en sulfatant la vigne en hiver, et en la saupoudrant, en été, avec de la chaux-vive ou autres desséchants.*

Voilà, à mon avis, la voie à suivre pour s'opposer aux effets désastreux du *Peronospora* et pour continuer à récolter encore de belles et bonnes vendanges.

Mouriez.

A Mouriez, le champ d'expériences communal donne

d'excellents résultats : la partie consacrée au vignoble est complantée en cépages français et en cépages américains intercalés qui poussent avec une grande vigueur et portent, le plus grand nombre, jusqu'à huit et dix raisins par souche. Parmi les cépages exotiques, le Canada, l'Othello et le Jacquez sont presque aussi fertiles que les cépages indigènes, et les porte-greffes, Solonis et Riparia, ont une végétation luxuriante.

Les graminées essayées ont bien réussi également ; le maïs cochinchinois a produit des tiges portant dix et même douze épis et un feuillage que mangent volontiers les chevaux et les moutons ; le maïs Caragua, ou Géant, a poussé des tiges de plusieurs mètres de hauteur ; seule l'avoine prolifique de la Californie n'a pas bien prospéré, le charbon (*carbo uredo*) a désorganisé les grains : (on avait oublié, avant de la semer, de la traiter au sulfate de cuivre). Enfin, quelques plants de fraisiers Sir-Harry ont donné, ce printemps dernier, un bon commencement de récolte.

L'olivier a été favorisé, cette année, par des pluies abondantes qui ont développé sa végétation, ce qui fait bien augurer de sa fructification. Il est à désirer que ce pronostic se vérifie, parce que, depuis plusieurs années, le produit en olives, à Mouriez, est nul ou presque nul.

Un vignoble planté en Côt, cépage estimé du centre de la France et que l'on croyait réfractaire au phylloxéra, s'en va comme les autres cépages indigènes. Cette vigne mérite néanmoins qu'on la multiplie, en ce sens qu'elle est fertile et donne un bon vin ; ensuite, elle débourre tard, ce qui l'expose moins que certains cépages à l'action nuisible des gelées printanières.

Dans son immense propriété de Vacquières, M. Mimbelli y agrandit toujours le vignoble et principalement avec des cépages américains ; la culture fourragère aussi y tient une grande place ; puis, ce sont les arbres fruitiers de grande production, l'olivier et l'amandier, et ensuite ceux de jardin, pêcher, cerisier, abricotier, poirier, etc. ; les fruits à noyaux se distinguent entre tous par leur beauté, leur bonté et leur hâtiveté. Le succès de ces plantations diverses ne peut être qu'un salutaire exemple pour les possesseurs des domaines voisins qui veulent entrer dans la voie des améliorations agricoles.

Graveson.

C'est à Graveson, comme on le sait, que se trouve le vignoble renommé du Mas-de-Fabre, propriété de M. Faucon, habile viticulteur et initiateur de la submersion comme moyen anti-phylloxérique. La résistance continue des vignes inondées a fait beaucoup de prosélytes, et jusqu'à l'an passé, ce système a bien réussi.

Mais ce qui s'est passé l'été dernier n'est pas encourageant pour la viticulture en plaine et surtout pour les vignobles baignés, le *Peronospora*, plus connu sous le nom de *Mildew*, y exerce des dégâts plus graves qu'ailleurs ; on a été obligé d'arracher tous les grenaches au Mas-de-Fabre, et les autres cépages, le Carignan, l'Espar au renouvellement de la végétation, ont mal repoussé ou même n'ont pas repoussé du tout ; ensuite, en terrain submergé, on ne peut pas transformer le vignoble en cépages réfractaires au *Peronospora*, car le greffage fait pourrir le pied de la vigne.

Maintenant il ne reste plus au vigneron gravesonais que la ressource des coteaux et ceux-ci sont précieux au point de vue viticole, à cause de leur composition graveleuse qui convient autant à l'application du sulfure de carbone qu'à l'adoption des cépages américains.

Les autres cultures locales : arbres fruitiers, légumes pour primeurs, cardère ou chardon à foulon, plantes fourragères et céréales, sont généralement bien faites et d'un bon rendement.

Saint-Pierre-de-Mézoargues.

Le territoire de Saint-Pierre, quoique privilégié pour la culture des céréales, voit, chaque année, se restreindre la surface des champs emblavés, par suite de l'avilissement du prix du blé provoqué par la concurrence étrangère.

C'est la vigne surtout qui a remplacé les céréales ; elle y vient à merveille et s'y maintient longtemps, surtout lorsque ses racines sont dans un milieu sablonneux ; malheureusement le *Peronospora* va obliger peut-être le vigneron à transformer le vignoble si on ne trouve pas de remède assez énergique pour vaincre ce champignon.

M. de Régis traite ses vignes par le sulfure de carbone; les effets de ce traitement sont incomplets, et cette inefficacité provient de la nature trop compacte du terrain, qui doit empêcher la facile diffusion du liquide insecticide. J'ai observé aussi, dans ce vignoble, que les ceps manquaient d'espacement, ce qui s'oppose à leur extension. La forme des vignes (variété Chasselas de Fontainebleau), serait plus avantageuse également si elle représentait un T portant six ou huit coursons, au lieu d'imiter un éventail, dont l'équilibre entre les bras est sinon impossible, du moins très difficile à maintenir.

On établit maintenant à Saint-Pierre, comme à Boulbon, des vergers d'abricotiers et de pêchers; les premiers sont surtout représentés par l'abricot Gros précoce de Boulbon, et les derniers par la pêche Amsden June, dont les fruits trouvent toujours un placement avantageux sur le marché.

La culture potagère de spéculation est pratiquée comme à Barbentane et à Château-Renard. Dans la vallée du Rhône où les abris sont indispensables à la bonne réussite des produits légumiers, on peut, pour les rendre durables, les confectionner en tiges de bambou, au lieu de se servir de l'*Arundo donax* (canne de Provence). Les premières s'obtiennent facilement et se multiplient à profusion, si on adopte le bambou vert glauque et si on met son rhizome en terrain profond, siliceux et frais.

Enfin, la culture de la luzerne y est rémunératrice, mais a besoin d'une forte fumure et surtout d'être rafraîchie en été par quelques bonnes pluies; seulement, ces dernières font souvent défaut et on ne peut les remplacer artificiellement, le territoire de Saint-Pierre n'ayant pas de canal d'irrigation. Sans avoir aucun des avantages de l'eau, cette commune en a tous les inconvénients; son sol ne peut pas être arrosé et il est parfois inondé par les crues du Rhône.

Saint-Martin-de-Crau.

Quoique très vaste, le territoire de la ville d'Arles n'est cependant composé que de deux sortes de sols : l'un est formé des dépôts alluvionnaires du Rhône ; il constitue la Camargue et le quartier de Plan-du-Bourg, et l'autre est caillouteux avec un peu de terre végétale ferrugineuse reposant sur une couche de poudingue ; il constitue la Crau. C'est ce dernier terrain qui domine dans la circonscription de Saint-Martin.

Avant l'apparition du phylloxéra, la vigne venait très bien dans la Crau et y avait pris une très grande extension ; la récolte n'était pas très abondante, mais le vin était d'excellente qualité et on le vendait 30 à 40 francs l'hectolitre, tandis qu'ailleurs, le prix n'était que 10 ou 15 francs l'hectolitre.

Mais, l'insatiable puceron de la vigne est venu et il a détruit à peu près tous les vignobles existants. Là où le sol peut être irrigué, la vigne a été remplacée par des plantes fourragères, graminées ou légumineuses ; tandis que dans les endroits non arrosés, le sol est redevenu *Coussoul*, c'est-à-dire un champ de pierres.

Aujourd'hui, divers moyens de combattre le phylloxéra étant reconnus efficaces, plusieurs propriétaires commencent à replanter des vignes et adoptent de préférence les cépages américains ; ils sont encouragés à le faire par le succès de ces cépages exotiques dans les essais qu'on en a faits à la Grande-Vacquière, au Mas de M. Bernaudon, de M. Doutrelot, etc.

Il faut féliciter de son initiative désintéressée pour la

viticulture, M. Doutrelot qui donne lui-même ou autorise son fermier à donner les explications nécessaires à tous ceux qui viennent voir son vignoble avec le désir de planter des cépages américains.

Cette année, M. Bernaudon a entrepris aussi la culture maraîchère de primeurs; son installation est parfaite ; les plates-bandes, bien défoncées et bien fumées, sont séparées, à chaque distance de six ou huit mètres, par des brise-vents en roseaux des marais. Ensuite, au moment opportun, les planches devaient être occupées avec des semis de pois, de haricots; des plants de tomates, d'aubergines, etc. J'ai visité cette exploitation légumière à la fin de l'hiver, et depuis je n'ai plus eu l'occasion de la revoir; mais j'ai appris qu'elle avait suffisamment répondu à l'attente de son propriétaire.

En parcourant les fermes, j'ai trouvé bien défectueux le mode de confection du fumier animal. D'abord, les écuries ou les étables sont mal aménagées; leurs planchers ne sont pas bétonnés, ni pavés, ni même recouverts d'une couche d'argile battue pour empêcher les déjections liquides des bestiaux d'être absorbées inutilement par le sol. Ensuite, on ignore les moyens de fixer l'ammoniaque dans le fumier, en le saupoudrant d'une certaine quantité de plâtre (10 kilogr. de cette substance minérale par mètre cube d'engrais), ou avec de l'eau couperosée (5 parties d'une dissolution saturée de sulfate de fer pour cent parties d'urine). Enfin, on a la mauvaise habitude de placer le cloaque ou de faire le tas de fumier devant l'habitation et en face de son entrée principale, ce qui n'a rien d'agréable à la vue et encore moins à l'odorat; la place véritable du fumier est sous un hangar établi derrière ou à côté de la maison, et, à défaut, à l'ombre ou à l'abri de quelques arbres, afin d'empêcher le soleil de le brûler, le vent de le dessécher et la pluie de le délaver. Dans ma conférence, j'ai insisté auprès de mes auditeurs pour leur faire mettre en pratique ces améliorations si nécessaires, tant au point de vue hygiénique qu'au point de vue agricole.

Fos.

On travaille à Fos, depuis quelques années, à une grande œuvre agricole : le dessèchement, le défrichement et l'exhaussement des marais compris entre le village et le mas Thibert, qui couvrent une surface de plus de quatre mille hectares.

On a commencé d'abord par creuser, de distance en distance, de larges fossés d'écoulement qui, à l'aide de pompes à feu, reçoivent l'eau stagnante et la déversent dans la mer. Quand le sol est suffisamment égoutté, on le défriche ; ce travail est des plus intéressants à voir : l'appareil se compose de deux machines à vapeur locomotives, d'une charrue Polysocs, pour dégazonner, et d'une charrue spéciale pour défoncement; cette dernière entame et retourne le sol jusqu'à une profondeur d'environ $0^{m},80$. Un scarificateur complète la préparation du sol en déchirant le gazon, que l'on réunit ensuite en tas et que l'on brûle. Le terrain, après, est apte à recevoir des cultures appropriées : céréales, plantes fourragères, arbres ou arbustes fruitiers, etc.

Dans les bas-fonds, on augmentera l'épaisseur de la couche terrestre par le colmatage avec les eaux limoneuses de la Durance que l'on amènera par un grand canal qui aura sa prise à cette rivière. Pour empêcher les eaux supérieures de venir inonder de nouveau cet emplacement, on le garantira, du côté d'Arles, par une digue, et du côté de la Crau, par un large fossé qui captera les nombreuses sources que l'on voit sourdre sur le bord des marais.

Grâce à cette conquête sur la nature, on augmentera non seulement la richesse du pays, mais encore on rendra salubre une contrée malsaine et décimée par les fièvres.

Si la réalisation de cette grandiose opération culturale ne rencontre, pour ainsi dire, que des partisans, il n'en est pas de même d'une autre vaste entreprise agricole projetée : le colmatage de la Crau. Les agriculteurs qui ont l'expérience de la Crau font observer qu'avant de colmater ou de limoner cette plaine, la Compagnie qui veut se charger de ce travail devrait indiquer, avant tout, comment elle s'y prendra pour avoir l'eau nécessaire à l'irrigation des vingt-quatre mille hectares de terrains qu'elle s'engage à transformer en sol arable. M. E. Gavand, ingénieur civil, dans son remarquable mémoire sur cette question, dit : *qu'il sera facile d'établir en tête de la Crau, d'immenses réservoirs pour y recueillir les eaux d'arrosage, en prévision du chômage du canal.* Et il ajoute: *On saura se réserver ou trouver ailleurs les eaux dont on aura besoin pour les irrigations.* Veut-on faire allusion à un nouveau canal du Rhône, où à un barrage au pont de Mirabeau ? C'est ce que l'on n'indique pas et ce qu'il est cependant urgent de savoir, parce que le succès du colmatage de la Crau est intimement lié à la pratique suffisante et régulière des arrosages d'été.

D'après un travail sérieux fait par M. Simian (de Miramas), Syndic-Général de l'Œuvre des Alpines, la Durance ne débite au pont de Mirabeau, à l'époque des irrigations, qu'un volume de quatre-vingt-cinq mètres cubes d'eau par seconde, en moyenne [1], et les concessions déjà accordées aux départements de Vaucluse et des Bouches-du-Rhône leur en demandent quatre-vingt-trois mètres cubes. Dans ce cas, comment pourrait-on se procurer les dix mètres cubes d'eau en plus pour arroser seulement les cinq mille cinq cents hectares de prairies que l'on se propose de créer sur les terrains colmatés?

Si on limone la Crau, sans avoir les moyens de l'irriguer, on la rendra stérile pour longtemps, peut-être même pour toujours; tandis qu'en la laissant telle quelle, c'est-à-dire avec sa mince couche de terre végétale et ses cailloux, elle continuera à pousser une herbe rare et courte il est vrai, mais excellente et très recherchée par les bestiaux.

Je me suis fait un devoir d'être l'écho de ceux qui habitent cette partie déshéritée de la Provence, afin que dans une affaire aussi importante et qui intéresse les finances du département des Bouches-de-Rhône, Messieurs les Représentants de l'Administration départementale puissent se prononcer en parfaite connaissance de cause.

(1) En août et septembre, ce volume descend à 60 et même à 50 mètres cubes.

Châteauneuf-lès-Martigues.

C'est vraiment un territoire exceptionnel que celui de Châteauneuf-lès-Martigues : La funeste gelée printanière de 1883, qui a détruit la récolte des fruits de toute la région méridionale, a épargné celle de cette localité.

Avec ce précieux privilège, les produits horticoles y ont encore ceux d'être excellents et surtout d'être très précoces. Ainsi, le cerisier montre souvent une partie de ses fruits mûrs dans les derniers jours d'avril; l'abricotier permet de récolter quelquefois des siens avant la fin du mois de mai, etc. Les propriétaires-agriculteurs ne peuvent donc trop multiplier les plantations et les bien soigner, ils sont assurés d'obtenir de bons revenus, s'ils savent les complanter avec les meilleures variétés fruitières ou potagères.

L'olivier commence à être atteint par la Morphée ou le Noir, maladie végéto-animale qui arrête la végétation et s'oppose à la fructification. Après avoir observé que les arbres plantés près des routes et surtout du côté du midi, c'est-à-dire ceux qui reçoivent beaucoup de poussière, n'avaient pas de Noir, j'ai conseillé l'emploi de la chaux vive en poudre, à plusieurs reprises, sur tous les organes malades de l'arbre. Il faut en outre seconder les effets du remède par un émondage intelligent et par une bonne fumure.

J'ai pu, cette année, visiter en détail le *Jay* et les vignobles du *Château-Bordigue* appartenant à M. Mongin. Ici, la vigne est plantée dans le sable pur et s'y maintient en parfaite santé, surtout lorsqu'elle est protégée par des palissades en roseaux, contre l'impétuosité du mistral et des effluves salins qui viennent de l'étang de Berre. Cependant, une modification serait nécessaire dans l'éducation de l'arbuste; on devrait élever un peu plus la tête du cep, afin que les montilles de sable qui se forment quelquefois dans le vignoble, laissent toujours à découvert la végétation et surtout la fructification.

Il fallait à ce magnifique vignoble son complément obligé : une cave des mieux aménagées a été installée par son intelligent propriétaire; le vin est confectionné, placé et conservé d'après les procédés modernes les plus perfectionnés, aussi ne manque-t-il pas de qualité; néanmoins, un certain goût salé le déprécie un peu; on atténuera et on fera probablement disparaître ce défaut en évitant à l'avenir au raisin le contact du sol.

Voici un fait bien caractéristique qui démontre d'une manière indiscutable que le sable est réellement antiphylloxérique : un coin de terrain argileux enclavé dans le domaine de M. Mongin laisse détruire ses vignes par le phylloxéra, tandis qu'elles en sont indemnes partout ailleurs.

L'étang de Bolmon est pour ainsi dire complètement ceinturé de vignobles. Du côté du midi, on remarque surtout ceux de M. Baudoin, qui comprennent des raisins de table et des raisins de cuve, dont les ceps s'annoncent avec les plus belles apparences de santé et de fertilité.

Dans ce quartier, les prairies sont infestées par les rats et les taupes dont les nombreuses galeries nuisent aux racines des plantes fourragères et dont les buttes de terre gênent le fauchage. On détruit ou au moins

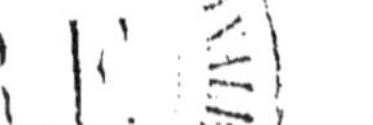

on chasse ces rongeurs , par un procédé que j'ai peut-être indiqué le premier : c'est l'injection du sulfure de carbone dans les galeries, comme pour combattre le phylloxéra.

La Pomme.

Ce hameau de la banlieue de Marseille justifie son nom par de nombreuses plantations d'arbres fruitiers, parmi lesquels domine le pommier.

La séance pratique du cours a eu lieu dans une grande et belle campagne possédée par **M. Ménard** ; toutes les cultures y sont représentées. Dans le verger, on voudrait y multiplier les sujets Reinette du Canada, dont le fruit se vend si bien sur le marché de Marseille ; mais cette sorte de pomme est trop rarement saine et le ver qui la souille (*Carpocapsa pomonana*) peut exercer impunément ses ravages. J'ai conseillé d'essayer une autre variété de pomme, le Calville blanc, moins véreux, gros, excellent et de bonne garde.

Le poirier est représenté par les variétés communes et surtout précoces : Citron des Carmes (Saint-Jean) et Gros blanquet (Cramoisine). On ferait bien aussi, je crois, d'adopter le Doyenné de Juillet, une jolie et bonne petite poire qui fait mentir son nom en mûrissant dans la dernière quinzaine de juin.

Au nombre des fruits à noyaux : dans le genre Pêcher il faut accorder une large place à l'Amsden june et ensuite aux variétés qui se propagent exactement de semis : Madeleine rouge, Admirable jaune, Willermoz, etc. Dans le genre cerisier, il faut préférer le Hâtif de Bâle, la Montmorency à courte queue et la Griotte de

Portugal. Dans le genre abricotier, les variétés les plus avantageuses sont : le Précoce de Boulbon et les abricots à confire, Rouge pointu de Roquevaire et Pouman ou Blanc. Quant au prunier, les conditions locales paraissent peu convenir à la fructification.

Enfin, la viticulture permettrait la production du raisin de table aussi bien que celle du raisin à vin. Pour les premiers, il faudrait choisir : le Jouanen charnu, le Chasselas de Fontainebleau, le Pascal muscat, la Panse commune, le Boudalès, etc., et, pour les derniers, l'Espar, le Monestel, le Grenache, certains Hybrides-Bouschet, etc., pour vin rouge, et pour vin blanc, la Clairette et l'Ugni blanc.

Si on juge des vignes américaines par les bons résultats qu'on en obtient, même avec le Clinton, il convient d'adopter ces cépages exotiques pour la reconstitution du vignoble.

Saint-Barnabé.

Parmi les circonscriptions rurales marseillaises, celle de Saint-Barnabé est une des plus avancées au point de vue de l'horticulture. Je citerai particulièrement l'établissement de M. Montel ; les campagnes de M. Saint-Alary, de M. le marquis de Clapiers, président honoraire de la *Société d'Horticulture de Marseille,* de M. Paul Giraud, etc.

Les visites de jardins ont commencé par celle de l'enclos de l'école communale laïque des garçons ; puis, on s'est rendu au jardinet de M. Arnaud, instituteur honoré des palmes d'officier de l'Instruction publique ; j'y ai traité des moyens de restaurer et de rajeunir les arbres, ainsi que de la direction à donner à la vigne en tonnelle. Cette excursion s'est terminée dans une propriété qui réunissait des exemples de toutes les cultures locales : arbres fruitiers de plein vent, vignes jeunes et adultes, plantes potagères, céréales, etc., ce qui m'a permis de résumer mon cours d'agriculture.

Vitrolles.

La population de Vitrolles m'a chargé de vous transmettre encore une fois l'expression de ses vœux pressants pour obtenir du Canal de Marseille ou de celui du Verdon, une concession d'eau suffisante pour arroser les cultures locales ou, à défaut, pour satisfaire au moins à l'alimentation des habitants, qui manquent d'eau potable quelquefois pendant plusieurs mois de l'année.

On peut reconstituer le vignoble en suivant l'exemple donné par M. Guien, consistant à sulfurer les racines de la vigne. J'ai fait voir sur quelques ceps, comment on peut avancer et augmenter la production en raisins.

Dans le même but, je dois signaler également la réussite des vignes américaines, variété Jacquez, très vigoureuses et fertiles, à côté des cépages indigènes morts ou dépérissants.

Pont-de-l'Étoile.

Ce hameau de la commune de Roquevaire ne possède, pour ainsi dire, que des vergers comme son chef-lieu ; ces vergers sont ordinairement bien soignés, mais entre tous progressent ceux de M. Valentin Négrel, agriculteur.

M. Négrel et un M. Raymond possèdent aussi de beaux vignobles exclusivement créés avec des cépages américains, les autres moyens anti-phylloxériques ayant tous échoué.

A Roquevaire, M. Fabre, maire de la ville, m'a montré toutes ses cultures ; j'ai admiré surtout son vignoble en Jacquez parfaitement soigné, ainsi que, du reste, toutes ses autres plantations, qu'on peut présenter comme des modèles.

La Penne.

Autant la viticulture était délaissée il y a quelques années, autant elle est en faveur aujourd'hui. Dans la vallée de l'Huveaune, l'élan a été donné par M. Marius Olive, propriétaire du domaine de Creissaud ; on trouve dans son domaine un vignoble qui est un véritable champ d'expériences ; avant d'y multiplier les cépages américains, on leur fait subir comme une quarantaine, si on peut s'exprimer ainsi, et lorsqu'au bout de plusieurs années de séjour dans cette sorte de lazaret, ces vignes exotiques restent saines, on les propage en grand dans la propriété. On ne saurait trop préconiser ce mode de faire, parce que, seul, il peut assurer la rénovation viticole. Ici, comme partout, c'est encore le Jacquez qui tient la tête des producteurs directs et, comme porte-greffes, c'est le Solonis avant le Riparia sauvage.

Pour apprécier la résistance au phylloxéra de certains cépages américains, il faut visiter dans la même propriété un petit vignoble où ils sont placés côte à côte des cépages français ; ceux-ci défaillent, tandis que les autres se conservent en bonne santé.

Je ne dois pas oublier aussi le vignoble de M. J.-B. Rampal, horticulteur judicieux. Le cépage Jacquez conduit en contre-espalier a produit, après trois végétations, une fructification que donnent rarement les cépages indigènes : sur divers sujets, on a récolté plus de quatre-vingt-dix grappes !

J'ai profité de mon passage à la Penne pour aller visiter le type des vignobles en cépages américains et franco-américains ; il appartient à M. F. Blanc, à Camp-Major, dans le territoire d'Aubagne. Il n'est pas possible de souhaiter mieux en viticulture : santé, vigueur et fertilité, rien ne manque à ce vignoble et tout cela est obtenu avec des soins ordinaires. Je suis convaincu que tous ceux qui iront voir cette plantation sans parti pris, en retourneront convertis à cette méthode viticole.

Cassis.

La partie du territoire de Cassis qui borde la mer s'embellit chaque année de quelques nouvelles villas gracieuses et pittoresques, parmi lesquelles on remarque surtout celle de M. Savon, où l'on a su concilier l'utile avec l'agréable.

J'ai retrouvé le vignoble américain de M. le marquis de Fesque avec ses producteurs directs et ses porte-greffes en pleine prospérité. Les autres vignobles en cépages français plantés la même année, n'existent plus ou sont à la veille de disparaître.

Il y a une exception cependant pour les vignes indigènes de M. Rochat, qui se soutiennent grâce à l'emploi rationnel du sulfure de carbone et à d'abondantes fumures en engrais de ferme.

J'ai énuméré de nouveau les avantages attachés à la culture du câprier, à celle de l'immortelle et surtout à celle des primeurs : pomme de terre, pois, artichaut, etc. Si on dote un jour le territoire d'un canal d'irrigation, on justifiera ce dicton local :

Quoou n'a pas vi Cassis n'a jamai ren vi.

Alleins.

A Alleins, les cultures sont généralement basées sur de bons principes adoptés : à Lamanon, pour la conduite de l'amandier et de l'olivier, et à Mallemort, pour la direction des arbres fruitiers, des légumes et de la vigne.

La culture des céréales et celle des plantes fourragères y sont faites aussi d'une manière usuelle. On y connaît à présent le procédé Pinta, pour augmenter la récolte du blé. Quant à la production du fourrage, j'ai insisté de nouveau sur la nécessité de couper le foin à l'époque de sa floraison, époque où la plante est la plus nutritive.

La salaison du fourrage serait également une excellente mesure; elle doit avoir lieu lorsqu'on met le fourrage en bottes ou bien au grenier. Cette opération rend le foin plus appétissant et de plus facile conservation.

Le *Peronospora* a fait un tort grave aux vignobles de la plaine. J'ai proposé l'emploi des moyens prophylactiques précédemment exposés, afin qu'en cas d'invasion nouvelle de ce parasite, on n'assiste pas impassible à ses foudroyants ravages.

Dans les champs de pommes de terre et de tomates, on se plaint aussi d'une sorte de *Peronospora*, le *P. infestans;* il fait dessécher les tiges et les feuilles de ces solanées, qui alors ne donnent que quelques rares fruits et de mauvaise qualité. Les moyens que j'ai indiqués contre le *Peronospora* de la vigne complètent ceux que j'ai conseillés dans mon *Rapport* de l'année dernière.

Pour rétablir le vignoble local, on n'a qu'à imiter ce que fait M. Jauffret dans ses vignes de Pont-Royal, c'est-à-dire les sulfurer, et qu'à copier ce que fait M. Varigard, sur la colline du Vernègue, si l'on a recours aux cépages américains.

Puyloubier.

Il faut plaindre les agriculteurs en général, mais particulièrement ceux de Puyloubier qui, malgré leur labeur opiniâtre, ne peuvent plus obtenir de leurs terres des récoltes rémunératrices.

Les causes sont multiples, mais l'obstacle principal c'est la sécheresse. Les cultures arborées, amandier et olivier, se conservent en assez bonne santé; mais les cultures herbacées, céréales, plantes fourragères et surtout les légumes, n'arrivent que rarement à bien.

De tous les vignobles plantés suivant le système préconisé par M. le docteur Picot, c'est-à-dire à la façon bourguignonne et avec le cépage Pinot, il n'en reste plus qu'un dans lequel les deux tiers des vignes au moins sont malades. Cette démonstration vient encore une fois donner tort aux partisans qui considèrent le phylloxéra comme l'effet de la maladie viticole actuelle.

M. Houchard, le nouveau et intelligent propriétaire de la campagne du *Caminet*, se propose d'y consacrer la plus grande place à la viticulture avec cépages américains. On en a commencé déjà par une plantation d'environ un hectare et l'on a mis en pépinière une grande quantité de boutures pour les repiquer à demeure l'année prochaine. Ce dernier système est celui qui serait le plus sûr pour réussir.

Septèmes.

A Septèmes, la fumée âcre et corrosive des fabriques de produits chimiques qui contrariait tant la végétation des cultures locales n'a plus aujourd'hui d'action nuisible sur les plantes, grâce à des condensateurs qui dépouillent les vapeurs de leurs éléments caustiques, avant leur sortie des cheminées. L'Administration des usines s'en est rendue compte en faisant pousser des pins sur les collines environnantes, tandis qu'avant elles offraient l'image de la plus complète stérilité.

M. Duclaux, directeur des fabriques de produits chimiques, développe toujours ses plantations et surtout son vignoble, qu'il parvient à protéger du phylloxéra par l'usage du sulfure de carbone. M. Bourilly, un bon agriculteur, le suit dans cette voie de progrès et obtiendra plus de succès parce qu'il se trouve placé dans un milieu plus favorable.

J'ai demandé à l'Autorité municipale d'autoriser M. Féraud, le dévoué directeur de l'école communale des garçons, à prendre possession de la partie déblayée du terrain qui doit constituer le futur jardin scolaire, afin que les enfants puissent recevoir de bonnes notions pratiques d'horticulture, ce qu'on ne peut leur donner actuellement dans le petit enclos trop ombragé qui sert de champ d'expériences.

Meyreuil.

Lors de mon séjour à Meyreuil, ma première visite a été pour le beau vignoble de M. Turin, qui s'étend sur une surface d'environ huit hectares. Il apporte une nouvelle preuve en faveur de la vigne américaine et surtout du Cunningham, dont la vigueur est incomparable; si l'on croit le directeur du vignoble, le vin de ce cépage aurait les qualités des meilleurs vins de Bourgogne.

Un autre intéressant vignoble est celui de M. Philopal. Ici, au contraire, ce ne sont que des vignes françaises que l'on traite au sulfure de carbone, au polysulfure de potassium et que l'on fume également avec du fumier de ferme ; c'est aussi une confirmation de la valeur de ces agents chimiques.

Les plantations d'amandiers et autres arbres fruitiers sont envahies, cette année, par une multitude de chenilles. La récolte en amandes aurait été suffisante, mais ces insectes ont tellement pullulé qu'ils ont rongé toutes les feuilles et mis ainsi les fruits dans l'impossibilité de grossir; le mal est fait on ne peut plus y remédier; mais, à son origine, on aurait pu s'en rendre maître par un échenillage suivi. Il est à regretter que cette pratique ne puisse entrer dans les habitudes du paysan et que les fonctionnaires chargés de veiller à l'exécution de la loi ne la fassent pas exécuter. Aussi le fléau, qui, tout d'abord, n'existait que dans le territoire d'Aix, s'est propagé aujourd'hui dans tout l'arrondissement.

Il serait dont urgent de prendre les mesures nécessaires pour enrayer cette calamité arboricole qui menace l'avenir d'une des cultures les plus importantes du département des Bouches-du-Rhône.

Saintes-Maries.

Qui se serait douté, il y a dix ans seulement, que le territoire des Saintes-Maries deviendrait, un jour, un vaste et magnifique vignoble !

On y compte aujourd'hui environ douze cents hectares de vignes, et on apporte toujours une fièvreuse activité aux plantations.

Outre sa qualité anti-phylloxérique, le sol du littoral sera peut-être aussi réfractaire au *Peronospora*, à cause de sa nature salée et de l'influence salutaire des brises marines; ce qui semblerait le confirmer, c'est que, l'an passé, la zone de ces terrains a été respectée par cette cryptogame et, tout récemment, la même immunité m'a été certifiée par M. Rivière pour son vignoble à Port-de-Bouc.

Grâce à ces précieux avantages, la propriété immobilière, aux Saintes-Maries, a décuplé de valeur. Je citerai un exemple entre beaucoup d'autres : la commune possède, au quartier dit du *Radeau*, un emplacement sablonneux de cent cinquante hectares. Une Compagnie s'est présentée pour exploiter ce terrain en vignoble et l'a affermé 18,900 francs par an, pendant dix-huit ans. A l'expiration du bail, la propriété fera retour à la ville, avec ses plantations et tout le matériel d'installation et d'entretien de l'entreprise viticole, ce qui donnera alors des revenus bien autrement avantageux.

Aix.

École normale d'instituteurs. — Conformément au nouveau programme d'enseignement de l'agriculture dans les Ecoles normales, les cours ont été divisés en semestre d'hiver, pour la théorie, et en semestre d'été, pour la pratique,

Jusqu'à ce printemps dernier, les leçons d'application, données aux élèves-maîtres ont eu lieu dans une campagne complantée principalement en amandiers et en oliviers, ce qui pouvait servir pour l'étude des arbres fruitiers en plein-vent; mais on ne pouvait guère y apprendre d'autres cultures, celle des légumes, surtout qui a besoin, pour réussir, d'un sol veuf de toute autre plantation.

On a créé un jardin potager dans le nouvel établissement scolaire, dès que les emplacements pour jardins ont été désignés. Quand les ressources pécuniaires de l'école le permettront, on fera successivement un verger, un vignoble, un jardin botanique et un jardin d'agrément ou paysager.

En attendant que cette installation soit terminée, je conduis les élèves tantôt à l'ancienne propriété, tantôt aux vignes du *Comité de vigilance contre le Phylloxéra,* pour l'arrondissement d'Aix, afin de les mettre au courant des travaux manuels de la science agricole.

École normale d'Institutrices. — Le cours d'horticulture que je professe aux élèves-maîtresses comprend aussi et des séances orales et des séances d'application.

Comme l'année dernière, j'ai fait faire un élevage de vers-à-soie qui a pleinement réussi : un échantilllon des cocons, conservés sur la bruyère, a été déposé dans le musée de l'école.

Le musée a été augmenté encore de beaucoup de spécimens des divers règnes de la nature, ce qui aujourd'hui le rend à peu près complet.

Le manque de fonds disponibles n'a pas permis jusqu'à présent d'utiliser les terrains réservés pour les cultures ; on a seulement défoncé et tracé le parterre qui décorera le Palais-École.

Vignoble d'étude du Comité d'Aix. — Après l'inspection minutieuse des faits qui se sont produits, en 1883-1884, dans le champ d'essais du *Comité anti-phylloxérique* à Aix, on constate que dans le

CARRÉ I.

Planche I. — *Les vignes indigènes à large espacement et à grande arborescence* ont perdu de leur belle vigueur et de leur abondante fructification par suite de l'introduction du phylloxéra sur leurs racines.

Planche II. — Les vignes indigènes conduites d'une *manière usurière* sont épuisées, mais plutôt des suites du phylloxéra que des conséquences de la taille, comme le prouvent certains ceps indemnes encore de phylloxéra et toujours très vigoureux et très fertiles.

Planche III. — Les vignes indigènes traitées au *sulfure de carbone* se maintiennent en santé et en fertilité; elles n'ont pas de phylloxéra sur leurs racines.

Planche IV. — Les vignes indigènes traitées au *sulfocarbonate de potassium* se sont un peu affaiblies; elles ont l'appareil radiculaire phylloxéré.

Planche V. — Les vignes indigènes *sans remède aucun* présentent tous les degrés de la végétation suivant qu'elles nourrissent plus ou moins de phylloxéra.

Planche VI. — Les vignes indigènes soumises à la forme en *chaintre* et à *grand gobelet* gardent assez de vigueur, mais elles ne sont pas réfractaires à la maladie phylloxérique.

Planche VII.— Les vignes indigènes *badigeonnées, pour la quatrième fois, avec de l'huile Roux* ne se sont pas encore fait remarquer ni comme végétation, ni comme fructification et elles sont phylloxérées aussi bien que celles qui ne sont pas médicamentées.

Planches VIII et IX. — Les vignes indigènes *greffées sur vignes américaines* sont assez vigoureuses et fertiles lorsqu'elles ont pour sujets *certains Riparia sauvages* et le *Solonis*, mais sont faibles et chlorosées quand elles sont soudées au Clinton, au Taylor, etc.

Planches X. — Les vignes indigènes de *semis* ont toujours leurs têtes vertes, mais leurs racines sont pleines d'excoriations phylloxériques; plusieurs ceps portent beaucoup de fruits.

Planches XI à XXI et XXIII à XXVII. — Les vignes américaines *Jacquez* ont gagné encore en santé, en vigueur et en fertilité ; on compte une moyenne de 15 à 20 grappes par cep. Les organes radiculaires ne sont pas phylloxérés.

La forme donnée à ces vignes est celle en *cordon transversal avec des coursons taillés demi-long* et supportée par un treillage en bois.

PLANCHE XXII. — Les vignes indigènes *intercalées* avec des Jacquez se laissent dominer de plus en plus par ces derniers.

CARRÉ II.

PLANCHE SUPPLÉMENTAIRE. — Les vignes du Médoc traitées par le système *Teyssier* perdent de leur fougueuse végétation et se laissent entamer par le phylloxéra.

PLANCHE I. — Les vignes indigènes-témoins et traitées d'une *façon vulgaire* ont beaucoup de vigueur et assez de raisins, mais leurs racines sont fortement phylloxérées et je crains que ce ne soit pour elles le chant du cygne.

PLANCHE II. — Les vignes indigènes qui sont traitées avec les *cubes Rohart* sont très vigoureuses et productives ; aucune n'a le phylloxéra ; quelques ceps seulement sont atteints de la chlorose.

PLANCHE III. — Les vignes indigènes *sans traitement aucun* sont semblables à celles de la planche I.

PLANCHE IV. — Les vignes indigènes soumises au procédé *Toscan* se sont subitement affaiblies et l'une d'elles même est morte étranglée par la composition qui entoure le cou du cep ; c'est le cas de dire que le remède est pire que le mal.

Le *sulfocarbonate de potassium* employé aux vignes

indigènes *ensablées* ne les a pas encore fait revenir complètement à la santé.

Planche V. — Les vignes indigènes (Chasselas de Fontainebleau) *privées de labour, mais éherbées et fumées,* se conservent toujours très vigoureuses et donnent d'excellents raisins.

Planche VI. — Les *Jacquez greffés* sur le cépage américain Taylor héritent des vices de cette dernière vigne, c'est-à-dire, qu'ils prennent la chlorose.

Planche VII. — Les vignes américaines *Cornucopia* se développent avec une grande vigueur et donnent assez de raisins, et les cépages américains *Alvi-Brouth* ont fait place à des Jacquez enracinés qui poussent verts.

Planches VIII et IX. — Les vignes américaines hybrides (*Canada* et *Othello*), âgées de trois ans, sont assez vigoureuses et fertiles.

Planche X. — Les *Canada* de quatre ans sont moins beaux qu'ils ne l'étaient l'an dernier, parce qu'ils sont phylloxérés; les *Othello* du même âge sont encore indemnes de pucerons, mais ils poussent mal et avec la chlorose. Quant aux cépages américains *Yorck-Madeira,* ils ne changent pas leur état maladif.

Planches XI, XII, XIII et XIV. — Les vignes *Jacquez* ont toutes les qualités de celles du carré I; les ceps sont taillés en *souches avec trois ou quatre coursons portant chacun bois long (de 4 à 6 bourres) pour le fruit, et bois court (2 bourres) pour le remplacement.*

Une application du procédé *Basile Pagès* (le *provignage successif*) augmente considérablement la fructification sans contrarier sensiblement la végétation.

Les vignes américaines *Clinton*, Planche XV ; *Taylor*, Planche XVI ; *Herbemont*, Planche XVII ; *Cunningham*, Planche XVIII ; *Black-July*, Planches XIX et XX, et *Alvey*, Planche XXI, se calquent leurs végétations, tantôt faible, tantôt vigoureuse et continuellement déparée par une jaunisse invétérée. Ces divers cépages ne s'*adaptent* pas au sol argilo-calcaire ; ils ne sont pas phylloxérés.

Planche XXII. — Les vignes indigènes *mises dans l'entre-deux* des cépages américains *Solonis* ne sont plus aussi vigoureuses; elles sont phylloxérées, tandis que les *Solonis* transformés l'an passé continuent à fournir beaucoup de sève à leurs greffons ; les porte-greffes sont sans phylloxéra.

Planches XXIII, XXIV, XXV et XXVI. — Les *Solonis* francs de pied constituent toujours des vignes dont la robusticité laisse le moins à désirer.

CARRÉ III.

Planches I à XVIII. — Les cépages américains *Riparia* sauvages font généralement beaucoup de bois; mais, à l'exception des *R. tomenteux* et des *R. glabre, à bois rouge*, ils craignent la chlorose. Les mauvais *Riparia* sont remplacés par des *Solonis* qui poussent vigoureusement et avec un vert feuillage.

Planche XIX. — Les cépages américains *Merrimack*, *Roger n° 2*, *Rullander*, *Clinton*, *semis fertile*, *Yeddo*, *Delaware* et *Elvira* restent avec une vigueur ordinaire, ou sont faibles et même mourants, tandis que les *semis de Jacquez* sont verts et assez beaux. Le *Yeddo* est phylloxéré, les autres cépages exotiques ne le sont pas.

Planche XX. — Les cépages américains, *Isabelle*, *Diana*,

Cornucopia et *Clinton Black-Hambourg* ne se comportent pas mieux que ceux de la plate-bande précédente.

Planche XXI. — Les *semis de Jacquez* sont seuls convenables.

Les *Alvey*, Planche XXII, les *Herbemont*, Planche XXIII et les *Cunningham*, Planche XXIV subissent le sort de leurs congénères du carré II.

Planche XXV. — Les *Jacquez greffés sur Black-July* n'ont pas mieux réussi que ceux sur *Taylor*.

Planches XXVI et XXVII. — Les *Jacquez* sont aussi vigoureux et aussi fructifères que ceux des précédents carrés.

CARRÉ IV.

Planches I, II et III. — Les *Jacquez*, plus jeunes que les précédents, commencent à s'acclimater; ils sont moins chlorosés que l'année dernière.

Planche IV — Les vignes indigènes soumises au système *Crouzet* poussent faiblement et avec une forte jaunisse qui dégénère en une sorte de cottis.

Planche V. — Les vignes indigènes traitées à la méthode *Aman-Vigié* se présentent avec les mêmes défauts.

Planche VI. — Les vignes indigènes conduites au procédé *Toscan* font encore moins bonne figure que les autres.

Planche VII. — Les vignes indigènes reçoivent le traitement recommandé par M. Riley, le savant entomologiste américain, c'est-à-dire de l'eau contenant en dissolution une émulsion de *pétrole* et de savon ou de lait.

Planches VIII et IX. — Les *Riparia* sélectionnés ont une végétation pauvre et chlorotique.

Planches X, XI, XII et XIII.—Les *Jacquez* sont identiques à ceux des premières plates-bandes de ce carré.

Planche XIV. — Les *Othello* et les *Canada* se comportent comme ailleurs et le cépage américain *Télégraphe* est beau et fertile. Les *Jacquez* qui ont remplacé les *Alvi-brouth* ont bien repris.

Planche XV. — Les *Herbemont* chlorosés ont fait place à des provins de Solonis qui font jaillir des pampres verts et vigoureux.

Planches XVI à XIX à XXI. — Les *Solonis* ont une végétation saine et magnifique, comme dans tous les autres endroits du vignoble.

Planche XX. — Les vignes indigènes (Hybrides Bouschet) *greffées* l'an passé sur *Solonis* de trois ans, en fente ordinaire ou en fente anglaise, sont à peu près toutes vigoureuses et chargées de raisins; *la force des greffons est en raison directe de la grosseur des sujets.*

Planches XXII à XXIV et XXVIII à XXXVII. — Les *Riparia sauvages* n'offrent rien de particulier sur les autres.

Les vignes indigènes *greffées* sur *Riparia* sont ordinairement moins belles et plus chlorosées que celles sur *Solonis*.

Les greffages exécutés au printemps dernier ont généralement bien réussi.

Planche XXXVIII. — Les vignes américaines avec vignes françaises intermédiaires, système *Faudrin*, sont toujours toutes vigoureuses ; les cépages indigènes, variété *Monestel*, sont garnis de raisins. L'an prochain, on greffera les cépages exotiques avec un sarment attenant à la vigne voisine.

Planche XXXIX. — Les vignes indigènes *greffées au*

coin du feu, sur vignes américaines, continuent à bien pousser, mais elles sont inférieures en végétation et en fructification aux vignes transformées en place à demeure.

Planche XL. — Les vignes américaines *Rupestris* ne justifient pas, jusqu'à présent du moins, leur réputation de rusticité.

Planches XLI et XLII. — Les plants de *Solonis* substitués aux *Riparia* ont une complète réussite, et Planches XLIII à LIII, — les enracinés de *Solonis,* de l'an passé, ont déjà une belle chevelure.

De l'ensemble des détails qui précèdent et qui sont la conséquence de quatre années d'études, il faut en conclure :

Que la méthode *Giéra-Faudrin* (Espacement et Arborescence) est appropriée à la vigne, mais que son application est impuissante à sauver l'arbuste des ravages du phylloxéra ;

Qu'avec une culture *intensive (taille ample et fumure potassique-azotée et phosphatée)* on peut continuer à créer des vignobles d'un rendement rémunérateur ;

Que le *sulfure de carbone* employé en terrain et en saison convenables, est un excellent anti-phylloxérique ;

Que le *sulfo-carbonate de potassium* n'aurait plus autant d'efficacité contre le phylloxéra. Faut-il attribuer son insuccès à la température sèche et presque tiède de l'hiver dernier qui aurait donné le temps au puceron d'épuiser la vigne avant que celle-ci ait reçu son insecticide ? Ce qui le ferait accroire, c'est que les ceps traités dans le courant de l'été dernier se sont mieux maintenus que les autres. A l'avenir, on mettra cet ingrédient chimique en automne, aussitôt après les vendanges.

Que les *cubes Rohart* paraissent être un bon moyen à opposer au phylloxéra ;

Que le *tassement du sol* autour du pied de la vigne doit contrarier l'entrée du phylloxéra dans la terre ;

Qu'on ne peut se prononcer encore sur la valeur anti-phylloxérique des procédés *Teyssier, Crouzet, Aman-Vigié* et *Riley ;*

Qu'on doit abandonner le système *Toscan ;*

Qu'il n'y a aucun avantage à se servir de l'*huile Roux* ;

Que les vignes *plantées en terrain ordinaire* et conduites d'une *façon usuelle* n'ont toujours qu'une courte durée d'existence ;

Que les méthodes en *chaintres* et à *grands-gobelets* sont rationnelles, mais qu'elles ne garantissent pas la vigne de l'action phylloxérique;

Que les *égrains* (sujets de semis) ne sont pas, non plus, respectés par le phylloxéra ;

Qu'en fait de *vignes américaines*, il ne faut cultiver que le *Jacquez*, comme producteur direct;

Et, comme porte-greffes, que les *meilleurs Riparia* et mieux encore le *Solonis ;*

Que ces derniers doivent être *greffés en place à demeure;*

Que les sujets sont préférables lorsqu'ils sont *sains, vigoureux* et âgés de *deux ans*, s'ils proviennent d'enracinés, et de *trois ans*, s'ils ont été obtenus de boutures ;

Qu'il faut délaisser les *autres cépages américains* comme étant d'une *adaptation* plus difficile aux conditions climatologiques et terrestres locales ;

Que les *vignes indigènes* et les *vignes exotiques vigoureuses et peu disposées à produire des fruits* doivent recevoir des *tailles libérales ;*

Que les *engrais industriels* sont bons pour pousser la

vigne à la végétation et surtout à la fructification ; mais que, entre tous, en terrain argilo-calcaire, il faudrait donner la préférence aux *cendres de bois ;*

Comme parasitaires : le *soufre sublimé*, la *chaux vive*, le *fongivore* et le *paroïdium* ont chacun des qualités réelles ;

Quant aux dissolutions de *sulfate de fer* appliquées sur la tête de la vigne, elles retardent la végétation, mais elles n'empêchent pas la propagation des cryptogames viticoles.

Ces résultats ont été reconnus par un grand nombre d'agriculteurs de l'arrondissement d'Aix qui assistent aux conférences pratiques que je donne, chaque fois que l'occasion me paraît favorable, pour faire bénéficier le viticulteur de quelques progrès utiles à son art.

Une nouvelle enquête que j'ai provoquée pour connaître l'état des vignobles dans le département des Bouches-du-Rhône, pendant l'année actuelle, porte la surface des

Vignes sans traitement aucun, à..........	623	hect.
» soumises à la submersion, à.......	3,391	»
» traitées avec des insecticides, à...	452	»
» plantées dans le sable, à..........	6,030	»
» en cépages américains, à..... ...	828	»
Total............	13,324	hect.

Soit une augmentation de 864 hectares sur l'année dernière.

J'avais recueilli aussi les vœux des agriculteurs des Bouches-du-Rhône pour en être l'interprète, mais je le crois aujourd'hui inutile ; les décisions favorables des Chambres consultatives d'agriculture locales et la présentation du projet de loi que vient de déposer à l'Assemblée nationale M. Caze, député de la Haute-Garonne, me dispensent de cette tâche. Ce projet de loi porte modification du tarif général des douanes et impose les produits agricoles étrangers des mêmes charges que paient nos produits similaires français ; il crée ainsi une source de revenus pour la France et évite à nos produits une dépréciation onéreuse.

C'est là un moyen d'alléger les souffrances de l'Agriculture provençale. Le gouvernement de la République, en s'inspirant pour elle de la sollicitude qu'il témoigne aux autres branches de l'industrie nationale, s'attachera à lui une population reconnaissante.

Avant de parler de la situation présente des cultures dans les Bouches-du-Rhône, je tiens à rectifier ou plutôt à compléter celle que j'ai donnée pour l'année écoulée : Les récoltes automnales n'ont pas répondu à l'attente du cultivateur ; les arbres fruitiers et entre autres l'olivier n'a rien produit dans beaucoup de localités. La vigne, sous l'influence du *Peronospora*, n'a pu mûrir ses raisins. De sorte que la campagne agricole 1882-1883 a été bien au-dessous des espérances qu'on en avait conçues.

L'année 1883-1884 vaudra-t-elle mieux que sa devancière? Il est permis d'en douter : elle a déjà mal débuté ; le défaut de pluie en hiver et pendant une grande partie du printemps a empêché les emblavures dans plusieurs localités, et, là où on a pu les faire, les grains ont mal levé. En Camargue, la récolte des céréales est pour ainsi dire nulle, et elle est mauvaise ailleurs. — Les plantes fourragères ont été favorisées par les pluies abondantes des mois d'avril et de mai ; seulement ces ondées continuelles ont contrarié le fauchage et nui à la bonne préparation du foin. — Les vignobles des coteaux ou des terrains légers, traités par les vrais anti-phylloxériques ou complantés en bons cépages américains, sont beaux et chargés de raisins ; mais les vignes en plaine, attaquées l'an passé par le *Peronospora*, sont en mauvais état. — La récolte en amandes sera satisfaisante presque partout. — L'olivier a montré une magnifique floraison, mais il a très peu noué de fruits. — Seuls, les arbres fruitiers de jardin tiendront complètement leurs promesses ; malheureusement la présence de l'épidémie cholérique empêche l'arboriculteur de tirer un profit avantageux de ses produits.

On le voit, l'horizon agricole s'assombrit dans le département des Bouches-du-Rhône, et il faut que l'amour du sol soit profondément enraciné dans l'esprit de la population rurale pour la tenir encore attachée aux travaux des champs.

En attendant l'honneur de vous présenter un autre compte-rendu, et dans l'espoir de vous le donner sous les auspices de jours meilleurs,

Veuillez agéer,

Monsieur le Préfet,

et

Messieurs les Conseillers Généraux,

la nouvelle assurance de mes sentiments respectueux et dévoués.

M. FAUDRIN,

Chargé de l'enseignement de l'agriculture
dans le département des Bouches-du-Rhône,
52, boulevard Notre-Dame, Aix.

www.ingramcontent.com/pod-product-compliance
Lightning Source LLC
LaVergne TN
LVHW020252230826
846091LV00006B/2379

* 9 7 8 2 3 2 9 6 5 5 8 5 7 *